版权登记号　图字：19-2023-083

For **Space Adventures of Lily and Tim – To the Distant Stars**

First published in Russian by «Clever-Media-Group» LLC

图书在版编目（CIP）数据

星空大冒险 /（俄罗斯）阿纳斯塔西娅·加尔金娜著；（俄罗斯）叶卡捷琳娜·拉达特科绘；邢承玮译.-- 深圳：深圳出版社，2023. 9
（小小宇航员宇宙探索科普绘本）
ISBN 978-7-5507-3787-7

Ⅰ. ①星… Ⅱ. ①阿… ②叶… ③邢… Ⅲ. ①宇宙－儿童读物 Ⅳ. ① P159-49

中国国家版本馆 CIP 数据核字 (2023) 第 043337 号

星空大冒险

XINGKONG DA MAOXIAN

出 品 人　聂雄前
责任编辑　李新艳
责任技编　陈洁霞
责任校对　熊　星
装帧设计　心呈文化

出版发行　深圳出版社
地　　址　深圳市彩田南路海天综合大厦（518033）
网　　址　www.htph.com.cn
订购电话　0755-83460239（邮购、团购）
设计制作　深圳市心呈文化设计有限公司
印　　刷　中华商务联合印刷（广东）有限公司
开　　本　889mm × 1194mm　1/16
印　　张　3
字　　数　40 千
版　　次　2023 年 9 月第 1 版
印　　次　2023 年 9 月第 1 次
定　　价　49.80 元

小小宇航员宇宙探索科普绘本

星空大冒险

〔俄罗斯〕阿纳斯塔西娅·加尔金娜 著
〔俄罗斯〕叶卡捷琳娜·拉达特科 绘
邢承玮 译

深圳出版社

这是蒂姆的爸爸安德烈，
一名伟大的宇航员。

蒂姆和廖丽娅是好朋友。他们和安德烈乘坐宇宙飞船进行了一次太阳系大冒险，蒂姆非常自豪。

有一次，蒂姆向邻居家小男孩叶戈尔炫耀，讲了他去太空的事情。结果，他们吵起来了。

叶戈尔取笑蒂姆说：“你根本没去过什么火星！”

蒂姆气得满脸通红，反驳道：“我就是去过！”

“那你证明给我看啊！”

蒂姆立刻说：“好！明天上午11点，我们去火箭发射场！”

第二天，蒂姆和廖丽娅请求安德烈把叶戈尔和他们俩带到火箭发射场。

到了那里，安德烈突然说："孩子们，我有急事，你们在这里等着，在我回来之前哪里也不许去！"

安德烈走后，叶戈尔感叹道："哇！这是真的宇宙飞船吗？我进去看一眼就出来。"

蒂姆在他身后喊："站住！不许去！"但叶戈尔已经跑进了船舱。

蒂姆和廖丽娅也跟着他跑了进去。

“有意思，这是什么？”叶戈尔好奇地问着，然后把一个拉杆拉下来了。

这时，墙上的一个装置发出紫色的光，接着孩子们听到一个声音说：“欢迎你们！我是飞船计算机‘**科斯8000号**’，本次飞行期间我会全程陪伴你们。”

“什么飞行？”廖丽娅吓坏了，用手捂着脸问道，“我们不是宇航员，是小孩！”

“很遗憾。”科斯回答道，“你们已经拉动了飞船的启动杆，所有出口都已关闭。**五分钟后，我们会离开地球。**此次的飞行任务是在格雷塔彗星表面安装仪器‘甲虫’。格雷塔彗星正在向柯伊伯带飞行，我们需要追上它。”

彗星是由许多尘埃粒子和冰块组成的天体。这些“脏雪球”围绕太阳旋转，当彗星接近太阳时，冰块会融化，然后在太阳风的影响下，会出现一条由气体组成的彗尾。在宇宙中还有陨石和小行星。

陨石

小行星是围绕太阳运动的巨大石头。它们比行星小很多，并且形状不规则。大多数小行星位于火星和木星之间的主小行星带以及海王星外面的柯伊伯带。

小行星

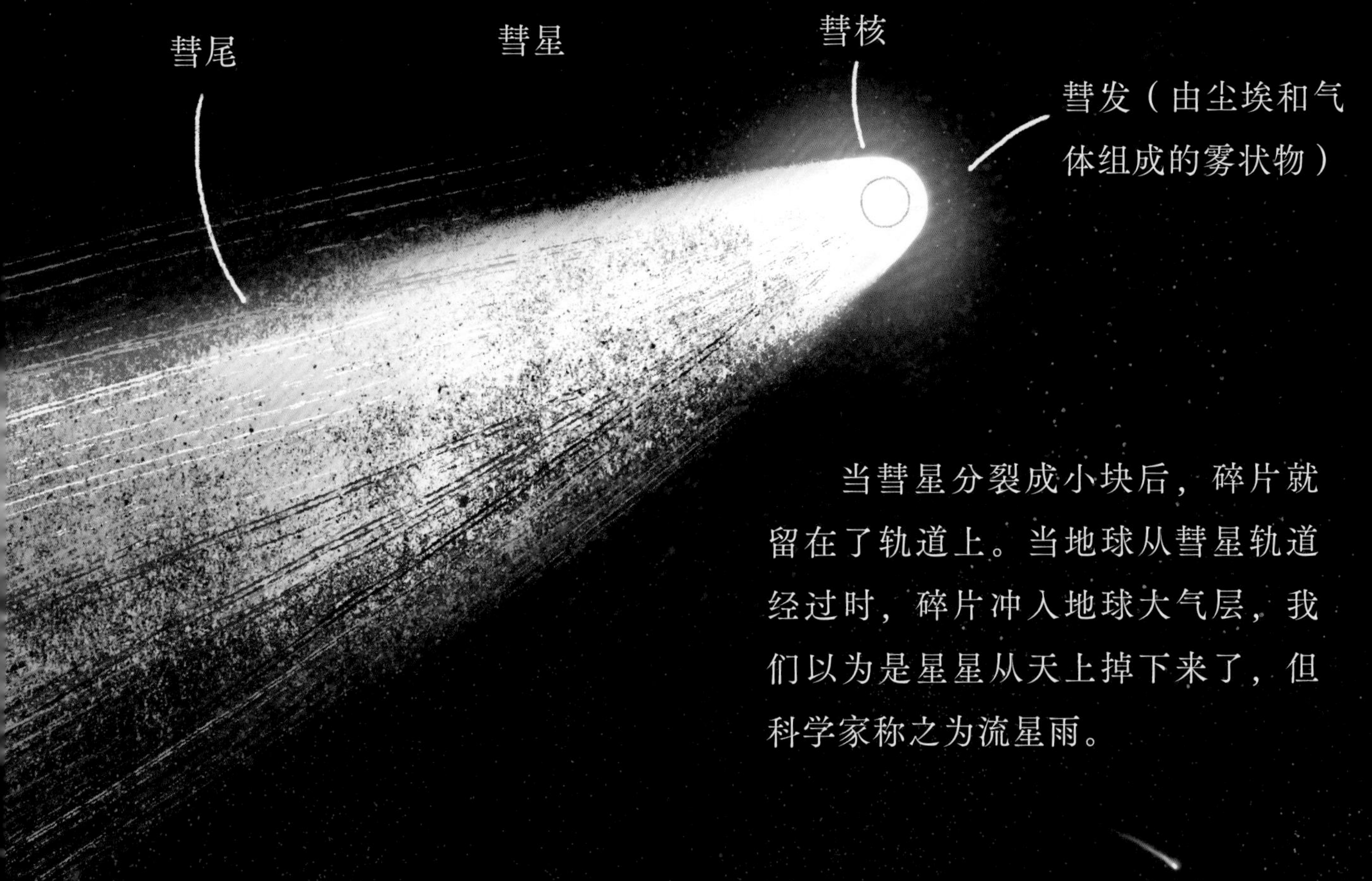

彗尾

彗星

彗核

彗发（由尘埃和气体组成的雾状物）

当彗星分裂成小块后，碎片就留在了轨道上。当地球从彗星轨道经过时，碎片冲入地球大气层，我们以为是星星从天上掉下来了，但科学家称之为流星雨。

陨石是坠落到行星或卫星表面的小行星碎片。碎片可能很小（重量相当于一包茶叶），也可能巨大（重量相当于一辆坦克）。有时这样的太空石块会落到地球上，但大多数在进入地球的大气层时就会燃烧殆尽。

快看！
星星掉下来了！

起飞后不久，孩子们看到叶戈尔的帽子在他们的头顶上盘旋。

“我们正处于失重状态。”廖丽娅说完，解开她的安全带。

“叶戈尔，你做了什么？”蒂姆愤怒地说。

“我不是故意的！我只是想看看宇宙飞船，谁让你总是炫耀！”

“所以你就随意拉下了飞船上一个**拉杆**吗？！你知不知道，因为你，现在我们都很危险？”蒂姆愤怒地攥紧了拳头。

“这里有什么危险？”叶戈尔惊恐地问道。

突然，一个小屏幕亮起，孩子们看到了安德烈，他看起来很生气。

“孩子们，你们太调皮了，怎么能启动飞船呢？但现在也没有别的办法，任务完成后你们才能回来，科斯会协助你们。要记住，在飞行过程中不要争吵，因为在太空中，什么都可能发生。比如……”

他还没说完，屏幕像刚才突然亮起来那样，又突然灭了，似乎是受到了干扰。

“比如，一块陨石可能会毁了我们的飞船！”蒂姆接着安德烈的话说道，他还是很生气，“然后所有的氧气都会被吸入太空，到时候我们都会遭殃的！”

“蒂姆，别说了，他不是故意的。”廖丽娅忍不住说道，“我们最好还是先搞清楚现在的位置。”

“我们正在靠近木星。”科斯报告道，“木星的卫星数量是很多的。”

“卫星？卫星是什么？”叶戈尔问。

“卫星就是在行星周围绕轨道运动的天体。”科斯解释道，“行星与其他天体相撞的情况时有发生，这会导致很多碎块从行星上脱落。行星的引力吸引着脱落的碎块或飞过的小行星，卫星就是这样产生的。”

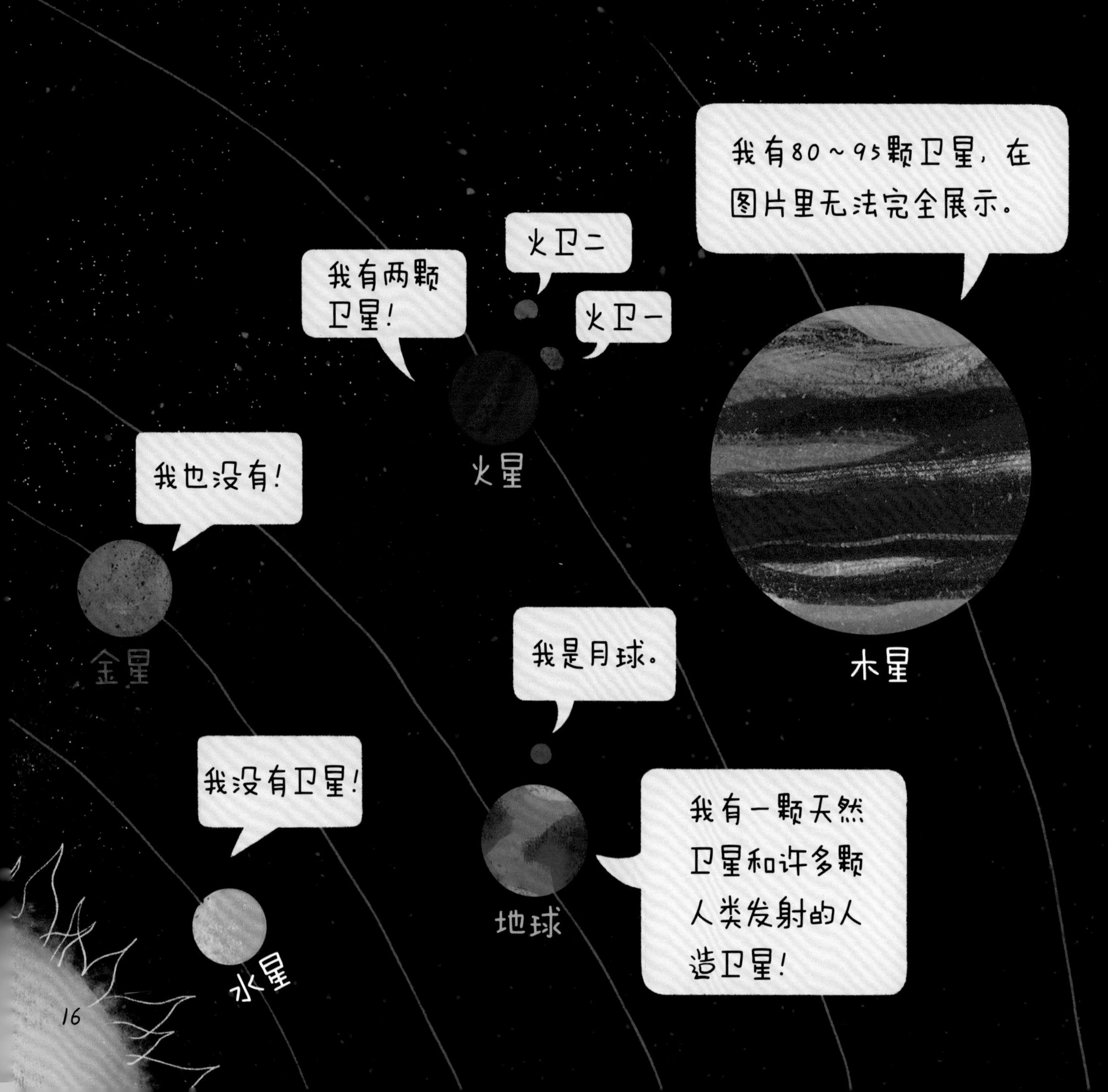

太阳系的卫星

天王星

我一共有14颗卫星，少于其他气态巨行星的卫星数量。

我有83颗卫星！

我有27颗已知的卫星，但我距离地球太远了，观测并不容易，可能还有些卫星没被发现吧？

海王星

“也就是说，月球有可能是地球的碎块？”廖丽娅问。

“完全有这种可能。”科斯回答道，“现在我们飞过了木卫一，上面的火山一直在喷发，我们可以在太空中看到‘熔岩’喷发的样子！”

“木卫一的表面五颜六色！”叶戈尔震惊地说。

“这都是因为熔岩，它使木卫一表面呈现出黄色、紫色、白色、黑色和绿色。”科斯解释道。

“好像故意涂上的颜色！”廖丽娅咯咯笑道。

“土星前面的卫星就是我最喜欢的土卫二。”科斯再次开口说道，“这颗卫星表面被冰覆盖，但冰的下面就是海洋，那里可能存在生命！”

突然，土卫二的地表喷出壮观的水柱，高达几百千米。

“这是什么？”孩子们异口同声地问道。

“这是间歇喷泉。”科斯回答道，“它冲破冰层的裂缝，向上喷出热水。但土卫二表面非常寒冷，所以水柱立即冻结成冰柱，这样的冰喷泉形成了土星环。”

“土星还有一颗不寻常的卫星土卫八。”科斯继续说道，“它由黑白两半组成，一半被冰覆盖，另一半被尘埃覆盖。”

“咦，那里怎么有个像饺子一样的东西？”蒂姆好奇地问道。

“那是土卫十八，土星最小的卫星。”科斯解释道，“这颗卫星吸引了尘埃粒子，形成了一条不寻常的带子，这条带子使土卫十八看起来像一个饺子。说到食物，因为这艘飞船比预定出发时间早，所以飞船上没有食物。但冰箱里有面团，你们可以烤饼干，把它做成你们想要的样子。”

土卫八

孩子们立即开始做饼干。叶戈尔做了一些星星饼干，廖丽娅捏了一个宇航员的形象，蒂姆做了一个大饺子。

“小朋友们，我们正前方就是格雷塔彗星。”科斯说道，“我们需要把仪器‘甲虫’放在它的表面。这个仪器不仅会探测，而且会对其所经之处的一切进行拍照，这些照片和数据将被传送到地球。”

“太好了！也许‘甲虫’可以揭开第九颗行星的谜团。”廖丽娅若有所思地说道。

“什么第九颗行星？”叶戈尔感到奇怪。

“天文学家**迈克尔·布朗**和天体物理学家**康斯坦丁·巴蒂金**观察到，柯伊伯带中的物体受到一个大型天体的引力影响。所以他们推测，**太阳系中还有第九颗行星**。这颗行星位于柯伊伯带后面。”廖丽娅解释道。

“他们正通过夏威夷一个强大的天文望远镜寻找这颗行星。”科斯补充道。

“布朗和巴蒂金亲切地称第九颗行星为‘胖姑娘’。”蒂姆笑着说。

仪器安装很顺利，“甲虫”飞到彗星上，在离彗星表面很近时伸出钩子固定在上面。

“我们的任务完成了！”科斯解释说，“这颗彗星正向柯伊伯带飞去，不久后将飞出太阳系。”

“太棒啦！”孩子们欢呼雀跃，拍手庆祝。

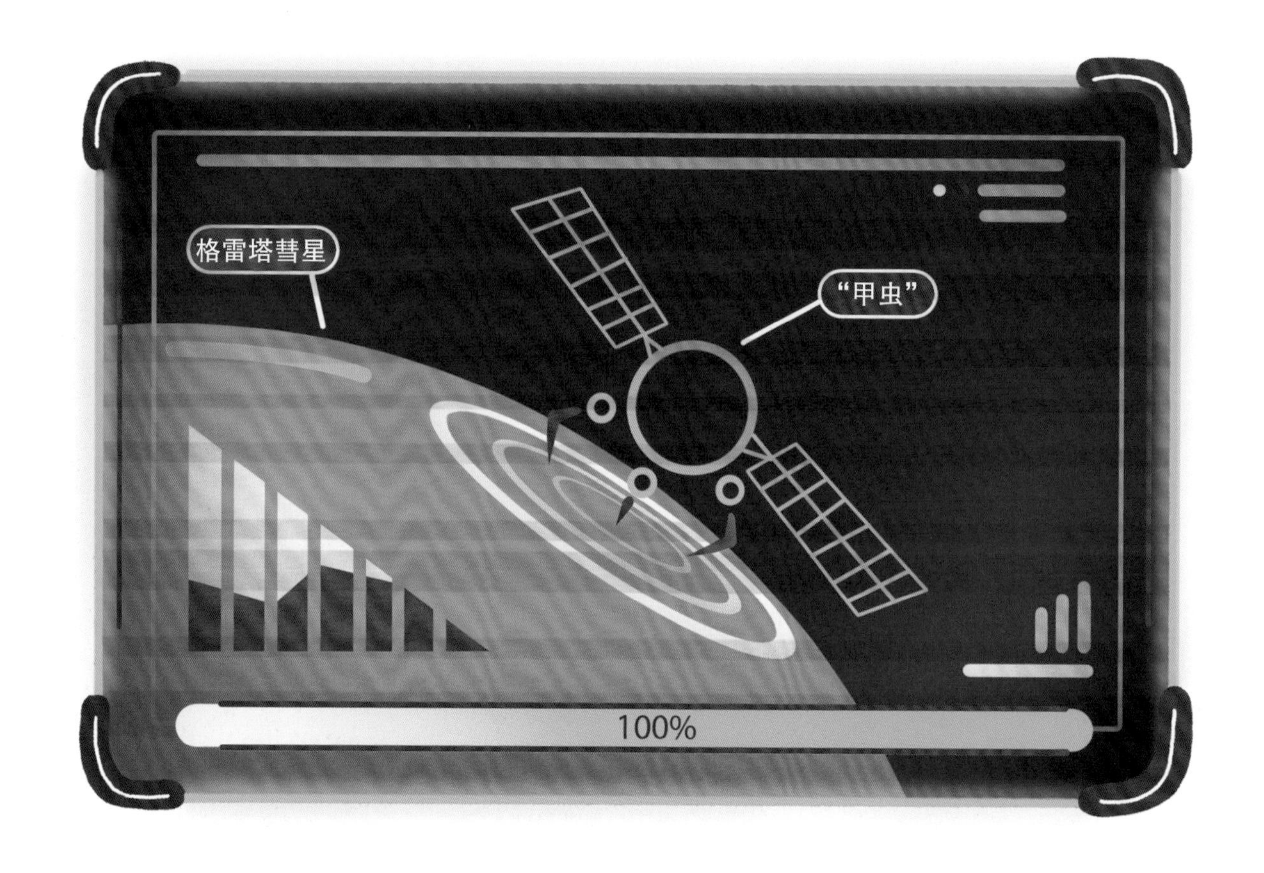

“难道太阳系还不是整个宇宙吗？”叶戈尔好奇地问。

“这你都不知道啊？”蒂姆嘲笑道，“太阳和围绕太阳旋转的八大行星只是银河系中很小的一部分，人们通常所说的银河就是我们可以看到的银河系最显眼的一部分。在银河系中，除了太阳系，还有数千亿颗恒星和行星呢。”

银河系是由恒星、行星、气体和尘埃等组成的星系。

银河系

银河

“蒂姆，有些事情不知道没关系，你也不是什么都知道！”廖丽娅替叶戈尔说话，“你给我们讲讲，在这么多恒星中，太阳系是怎么形成的？”

“呃……”蒂姆羞愧地低下头，含糊地说，“我又没说我知道世界上所有的事情。”

“关于太阳系是怎么形成的，说来话长。”科斯打断了孩子们的聊天。

大爆炸

1

40多亿年前，一颗恒星的体积增大，然后发生了爆炸。科学家将这种爆炸的恒星称为超新星。

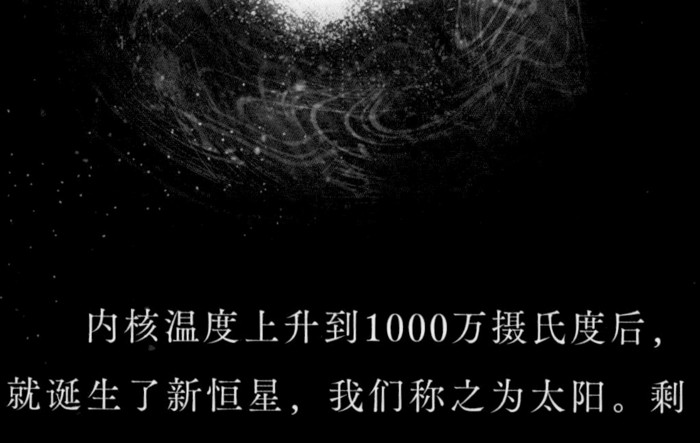

4

内核温度上升到1000万摄氏度后，就诞生了新恒星，我们称之为太阳。剩余的气体和尘埃粒子黏结在一起，形成了行星。

2 爆炸产生的冲击波影响到由气体和尘埃组成的云，云开始旋转，逐渐形成圆盘状。

3 圆盘中心的气体和尘埃形成了一个内核。

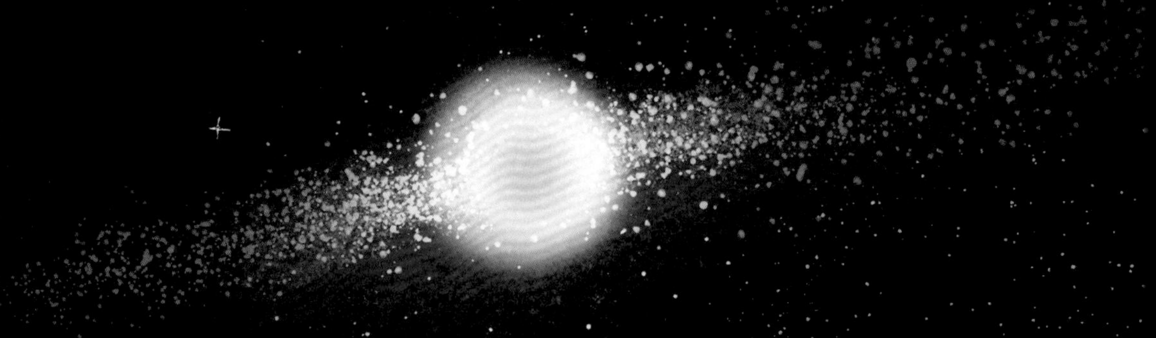

“就像巫师挥了挥魔法棒施展魔法一样……”蒂姆若有所思地说道。

这时，廖丽娅突然说道：“哎哟！我们把饼干忘了！”

孩子们兴高采烈地拿出饼干，不等它们完全放凉，就各自咬了一口自己做的宇航员饼干、饺子饼干和星星饼干。

但廖丽娅和蒂姆发现他们俩做的饼干都不能吃。因为做得太厚，外面已经烤焦，但是里面还是生的。叶戈尔愿意与朋友们分享他的星星饼干。飞船意外启动，他很愧疚，因此非常高兴能做出补偿。

“叶戈尔，对不起，我不该跟你炫耀。”蒂姆不好意思地说。

“我也要向你说对不起。”叶戈尔说，“我那时就是嫉妒你。”

返程中，孩子们为了消磨时间，唱起了自己喜欢的歌。

其中有一首是孩子们在飞行过程中一起创作的：

“蒂姆和廖丽娅是宇航员！

蒂姆和廖丽娅是宇航员！

现在叶戈尔也是宇航员……”

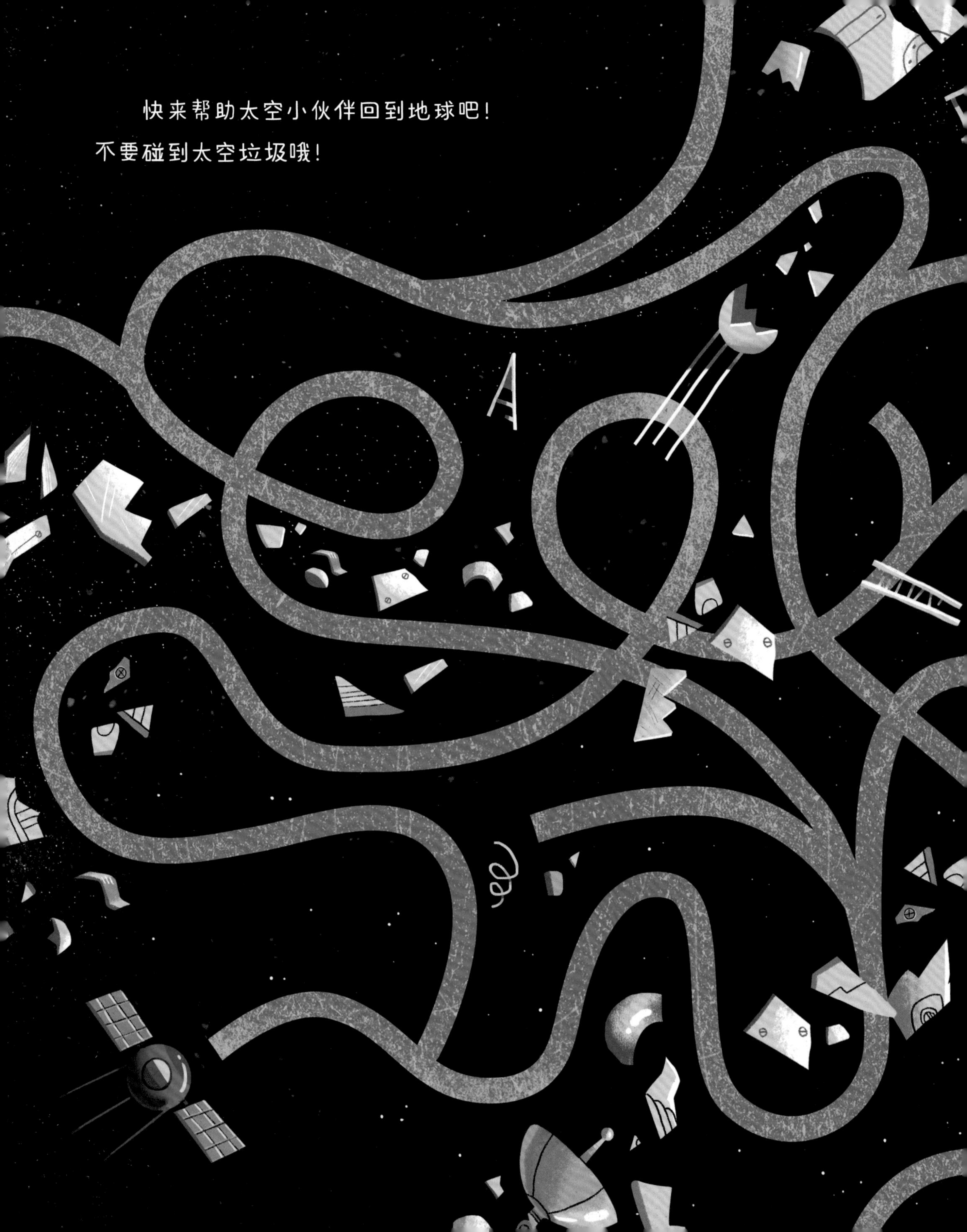
快来帮助太空小伙伴回到地球吧！
不要碰到太空垃圾哦！